Sitzungsberichte
der Akademie der Wissenschaften
der DDR
Mathematik – Naturwissenschaften – Technik

2 N
1981

Schirmer/Stiller/Franck/Vollstädt

Chemische Reaktionen unter hohem Druck

AKADEMIE-VERLAG · BERLIN

Sitzungsberichte
der Akademie der Wissenschaften
der DDR
Mathematik - Naturwissenschaften - Technik

Jahrgang 1981 - Nr. 2/N

Schirmer/Stiller/Franck/Vollstädt

Chemische Reaktionen unter hohem Druck

AKADEMIE-VERLAG · BERLIN
1981

Vortrag und Diskussionsbeiträge
der gemeinsamen Sitzung der Klasse
Chemie und der Arbeitsgruppe Geo- und
Kosmoswissenschaften der Akademie der
Wissenschaften der DDR am 17. April 1980

Herausgegeben im Auftrage
des Präsidenten der Akademie
der Wissenschaften der DDR
von Vizepräsident Prof. Dr. Heinrich Scheel

Erschienen im Akademie-Verlag, 1080 Berlin, Leipziger Str. 3–4

Lizenznummer: 202 · 100/52/81
Gesamtherstellung: VEB Druckhaus Köthen
Bestellnummer: 762 935 9 (2010/81/2 N) · LSV 1215
Printed in GDR
DDR 3,– M

Inhalt

Wolfgang Schirmer, Ordentliches Mitglied der Akademie der Wissenschaften der DDR
Der Einfluß hohen Druckes auf die Struktur und die Reaktionsfähigkeit von Elementen und chemischen Verbindungen ... 5

Heinz Stiller, Ordentliches Mitglied der Akademie der Wissenschaften der DDR
Diskussionsbeitrag
Zustandsgleichungen und geophysikalische Hochdruckforschung ... 17

Siegfried Franck, Dr., Zentralinstitut für Physik der Erde
Diskussionsbeitrag
Über den Zustand der Materie im Erdkern und im Innern von Jupiter und Saturn .. 20

Heiner Vollstädt, Dr., Zentralinstitut für Physik der Erde
Diskussionsbeitrag
Methodische und gerätetechnische Probleme der geophysikalischen Hochdruckforschung ... 23

Wolfgang Schirmer

Der Einfluß hohen Druckes auf die Struktur und die Reaktionsfähigkeit von Elementen und chemischen Verbindungen

1. Einleitung

Druck und Temperatur sind die grundlegenden Parameter der Zustandsgleichung stofflicher Systeme. Während wir den Einfluß der Temperatur auf die Struktur und die Reaktionsfähigkeit solcher Systeme über ein breites Intervall hinweg gut kennen, sind unsere Kenntnisse über den entsprechenden Druckeinfluß noch recht lückenhaft. Das gilt besonders für Drücke oberhalb von 10^{10} Pa (= 100 Kilobar). Diese Erkenntnis ist überraschend, kann doch kein Zweifel daran bestehen, daß dem Druckeinfluß auf das Verhalten der Materie große Bedeutung beigemessen werden muß. Die Ursachen für die Lücken in unserem Wissen dürften vor allem in der Schwierigkeit zu suchen sein, ohne größeren Aufwand reproduzierbare experimentelle Ergebnisse zu erhalten. Tatsächlich sind auch auf diesem Gebiet wie auf manchem anderen Grenzgebiet zwischen Physik und Chemie verallgemeinerungsfähige neue Erkenntnisse erst in dem Umfang zu erhalten, wie die experimentelle Technik sich entwickelt. In den vergangenen zwei Jahrzehnten haben sich, aufbauend auf den Pionierarbeiten von Bridgman und Tammann, leistungsfähige neue Methoden und experimentelle Techniken herausgebildet, die günstige Voraussetzungen für eine intensive Bearbeitung des Verhaltens von Materie unter hohem und höchstem Druck schufen.

Zunächst seien die Einheiten des Drucks genannt:

$$1 \text{ Pa (Pascal)} = 1 \text{ Nm}^{-2} = 10^{-5} \text{ bar} = 0{,}987 \cdot 10^{-5} \text{ phys. Atm.}$$

$$10^5 \text{ Pa} = 1 \text{ bar}$$
$$10^8 \text{ Pa} = 1 \text{ kbar}$$
$$10^{11} \text{ Pa} = 1 \text{ Mbar}$$

Zum Vergleich sei erwähnt: Der Werkstoff Wolframkarbid ist bei gleichmäßiger Belastung bis $5 \cdot 10^9$ Pa widerstandsfähig, der Druck im Erdmittelpunkt beträgt $3{,}6 \cdot 10^{11}$ Pa.

2. *Einfluß des Druckes auf Aspekte der Physik und der Chemie stofflicher Systeme*

2.1. Die Überprüfung der Theorie der molekularen Wechselwirkungskräfte

Atome oder Molekeln von Gasen, die sich unter einem Druck von 10^8 Pa befinden, haben zwischen zwei Zusammenstößen bereits eine so kurze freie Weglänge, daß die Teilchen sich ständig im Bereich der Wechselwirkungskräfte befinden. In allen Atomen und Molekeln bewirkt hoher Druck Veränderungen in der Elektronendichte. Die Elektronenhüllen werden verformt. Die Kompressionsenergie, die nötig ist, um den Kernabstand zwischen zwei Argonatomen um 1% zu verändern, entspricht bei einer Anziehungsenergie von rund 1 kJ/mol einem Druck von $3 \cdot 10^7$ Pa. Um die Atomkerne in einem Sauerstoffmolekül, das sich durch eine Bindungsenergie von 470 kJ/mol auszeichnet, um 1% zu komprimieren, ist ein Druck von $1{,}3 \cdot 10^{10}$ Pa erforderlich [1]. Chemische Bindungen erweisen sich also als verhältnismäßig wenig druckabhängig, so daß der Druckeinfluß erst im Bereich zwischen 10^9 und 10^{10} Pa deutlich wirksam wird. In der flüssigen Phase erfolgt eine Wechselwirkung zwischen gelösten Teilchen und dem Lösungsmittel um so eher, je stärker die Teilchen polarisiert sind und deshalb durch elektrostatische Wechselwirkung aufeinander einwirken können. Sind Ionen im Lösungsmittel gelöst, so kann durch Wechselwirkung unter Druckeinfluß eine verhältnismäßig starke Volumenänderung erzeugt werden. Bei Normaldruck unterscheiden sich die Werte für die Kompressibilität

$$\chi = -\frac{1}{v_a}\left(\frac{\partial v}{\partial p}\right)_T$$

von verschiedenen Stoffen und rund sieben Größenordnungen. Während ideale Gase am stärksten komprimierbar sind, setzt der Diamant der Volumenänderung unter Druck den größten Widerstand entgegen.

Die Schmelztemperatur von Festkörpern steigt mit dem Druck an. Die Schmelzkurve zeigt bei allen bisher untersuchten Stoffen kein Maximum, so daß es im Gleichgewicht flüssige Phase/feste Phase nicht, wie aus den Systemen gasförmig/flüssig bekannt, kritische Erscheinungen gibt. Flüssiges Wasser steht zum Beispiel mit Eis bei einem Druck von $2 \cdot 10^{10}$ Pa und rund 700 K im Gleichgewicht. In Abhängigkeit vom Druck durchlaufen die Strukturen des Eises verschiedene Modifikationen, die von I–VII gekennzeichnet sind [2].

Unter einem Druck von $2 \cdot 10^8$ Pa liegt der Schmelzpunkt des Benzols bei 329 K. Die unter Druckeinfluß intensiver werdenden Wechselwirkungskräfte zwischen Molekeln aller Art führen dazu, daß unter überkritischen Bedingungen entsprechend dem Poynting-Effekt homogene Gemische zwischen Stoffen der verschiedensten Strukturen entstehen können. Die Nutzung derartiger Erscheinungen zu technischen Trennoperationen ist bereits in voller Entwicklung. Entsprechend dem Druckeinfluß auf die Struktur von Mischungen verschiedener ineinander löslicher Stoffe sind bei höheren Drücken auch Entmischungen von Lösungen beobachtet worden.

2.2. Einfluß auf die Struktur von Atomen und Molekeln

Die unter Druckeinfluß zu beobachtende Überlappung der Orbitale von Atomen oder Molekeln führt zu Veränderungen in der Anordnung und der Dichte der Elektronen im Festkörper. Die Packungsdichte der Strukturbestandteile erhöht sich, und die Koordinationszahl der Elemente und chemischen Verbindungen steigt mit wachsendem Druck an, wodurch Hochdruckmodifikationen auftreten, die unter normalen Bedingungen nicht bekannt sind. Bilden sich diese Modifikationen bei Druckentlastung reversibel zurück, so besteht keine Möglichkeit, sie unter Normalbedingungen zu untersuchen oder anzuwenden. Da die Bildung der Hochdruckmodifikationen aber auch irreversibel erfolgen kann, besteht die Möglichkeit, auf dem Wege über den Hochdruckeinfluß Verbindungen und Werkstoffe mit neuen Struktuien gewinnen und der Anwendung zuführen zu können.

Elektronische Umwandlung führt unter anderem zur Bildung von Komplexen. Die Gleichgewichtsbeziehungen zwischen Kationen eines Elements, das verschiedene Wertigkeitsstufen ausbilden kann, werden verschoben, wodurch ebenfalls neue chemische Verbindungen entstehen.

Die weitere Erhöhung des Druckes führt im Bereich von 10^{10}–10^{11} Pa zu einer Nivellierung der Atomvolumina, die bei den Alkalimetallen besonders deutlich in Erscheinung tritt. Im allgemeinen gewinnen die Elemente unter zunehmendem Druck an metallischem Charakter (Alkalimetalle ausgenommen).

2.3. Einfluß des Druckes auf die Lage des chemischen Gleichgewichtes

Seit langem ist bei Gasreaktionen die Druckabhängigkeit des chemischen Gleichgewichtes nach dem Prinzip von Le Chatelier-Braun bekannt. Mit zunehmendem Druck verschiebt es sich in die Richtung, in der eine Volumenabnahme während der Reaktion erfolgt. Bei Drücken, die in der Größenordnung von 10^8–10^9 Pa liegen, sind wesentliche Einflüsse auf die Polymerisation ungesättigter Verbindungen bekannt. Die Dimerisation von Isopren wird durch Drücke bis 10^9 Pa günstig beeinflußt. Das Ionenprodukt des Wassers verschiebt sich mit steigendem Druck in Richtung auf eine Dissoziation in H^+ und OH^-, da durch Hydratation der Ionen eine Verdichtung auftritt. Hydratationsvorgänge können auch bei der Umsetzung chemischer Verbindungen eine Rolle spielen. So führt die Anlagerung von Wasser an Olefine zu neuen sauerstoffhaltigen Verbindungen.

2.4. Einfluß des Druckes auf die chemische Reaktionsfähigkeit der Systeme

Die unter 2.3. genannten Erscheinungen können unmittelbar Ausgangspunkt für eine veränderte Reaktionsfähigkeit werden. So nimmt zum Beispiel das Wasser bei einem Druck von 10^{10} Pa und einer Temperatur von 1270 K eine Eigenleitfähigkeit an, die um sieben Größenordnungen größer als unter Normalbedingungen ist. Unter diesen Umständen stellt das Wasser eine starke Säure dar, in der Säurekatalysen beschleunigt werden. Die Lösefähigkeit des Wassers erreicht die gleichen Eigenschaften wie die von Salzschmelzen, wodurch sich weitere chemische Umsetzungen ergeben [3]. Bei Drücken zwischen 10^8 und 10^9 Pa verlaufen Polymerisationsreaktionen, Diels-Alder-Reaktionen und andere ähnliche organische Umsetzungen mit Geschwindigkeiten, die um zwei Größenordnungen über denen unter Normalbedingungen liegen [4]. Die Polymerisationsprodukte, die unter hohem Druck gewonnen werden, führen verstärkt zu verzweigten Polymeren. Ist im Laufe der chemischen Reaktionen das Auftreten von Ionen zu erwarten, so wird die hierzu führende Reaktion begünstigt. Die Ausbildung stereospezifischer Reaktionswege erfährt im allgemeinen eine Verringerung. Da sich die Löslichkeit von Festkörpern aller Art in Lösungsmitteln erhöht, ist es z. B. auch möglich, bei $2 \cdot 10^8$ Pa Siliziumdioxid in Wasser so zu lösen, daß auf hydrothermalem Wege bei rund 670 K Quarzeinkristalle gezüchtet werden können. Im Festkörper wurden unter Hochdruck zahlreiche neue Reaktionswege zu Komplexverbindungen erschlossen.

2.5. Einfluß des Druckes auf kinetische Größen wie Viskosität, Diffusionskoeffizient und Ionenbeweglichkeit

Bei hohem Druck ist die Diffusion von Teilchen allgemein herabgesetzt. Die Viskosität nimmt zu und da sich die Schmelzpunkte mit zunehmendem Druck ebenfalls erhöhen, ergeben sich Schwierigkeiten für die Durchführung von Kompressionsvorgängen, die auf herkömmlichen Schmiermitteln oder Gleitvorgängen aufbauen und die bei tiefen Temperaturen stattfinden sollen. Die herabgesetzte Diffusion ist nachteilig für den Ablauf von bimolekularen Reaktionen. Die Ionenbeweglichkeit ist ebenfalls herabgesetzt; lediglich dann, wenn unter Druckeinfluß neue Strukturen gebildet werden, kann die Beweglichkeit von Ionen vorübergehend zunehmen. Bei allen Systemen ist mit ansteigendem Druck ein Anwachsen der elektrischen Leitfähigkeit zu beobachten.

3. *Thermodynamik und Zustandsgleichungen*

Die Thermodynamik von Reaktionen unter hohem Druck ist in den letzten einhundert Jahren entwickelt worden. 1887 gelang es M. Planck, eine Ableitung für die Abhängigkeit der Gleichgewichtskonstanten einer chemischen

Reaktion vom Druck zu bringen, wobei die Standardvolumenänderung der Reaktion $\Delta V°$ als entscheidende Größe erkannt wurde. Diese Gleichung beherrscht alle Vorgänge, gleichgültig in welcher Phase, die den Druckeinfluß auf die Lage eines chemischen Gleichgewichtes zum Ausdruck bringen:

$$\text{Planck (1887)} \left(\frac{\partial \ln K}{\partial p}\right)_T = -\frac{\Delta V°}{RT}$$

Um eine Beziehung zwischen der Reaktionsgeschwindigkeitskonstanten k von der Freien Aktivierungsenergie zu ermöglichen, leiteten M. G. Evans und M. Polanyi eine Gleichung ab, die ebenfalls grundsätzlichen Charakter hat:

$$\text{Evans Polanyi (1935)}\ k = x \frac{k_B T}{h} \exp^{-\frac{\Delta G_p^*}{RT}}$$

Differenziert man sie nach dem Druck bei konstanter Temperatur, so erhält man einen Ausdruck, in dem das Aktivierungsvolumen ΔV^* bei konstantem Druck und konstanter Temperatur die charakteristische Größe ist:

$$\left(\frac{\partial \ln k}{\partial p}\right)_T = -\frac{\Delta V^*}{RT}$$

Aus diesen Gleichungen lassen sich die Beziehungen zu anderen thermodynamischen Größen für den aktivierten Zustand ableiten, wobei Koeffizienten für die thermische Ausdehnung α und die Kompressibilität χ eingeführt werden:

$$\Delta G_p^* = \Delta H_p^* - T\Delta S_p^*$$

$$\Delta H_p^* = \Delta U_V^* - T \cdot \alpha \frac{\Delta V^*}{\chi}$$

$$\Delta S_V^* = \Delta S_p^* - \alpha \frac{\Delta V^*}{\chi}$$

Mit diesen sehr einfachen Ansätzen ist es möglich, wichtige thermodynamische Daten für den Druckeinfluß auf chemisch reagierende Systeme zu ermitteln. Die Volumenänderung im aktivierten Zustand liegt für viele Systeme in kondensierter Phase in der Größenordnung von 10%, woraus sich auch wiederum der interessanteste Druckbereich ableitet, der für das Studium von chemischen Reaktionen infrage kommt. Er liegt bei einigen 10^8 Pa. Für einige Reaktionsklassen werden folgende Aktivierungsvolumina angegeben:

Radikalische Zersetzungen	0 bis 15 cm³/mol
Umlagerungen	−8 bis −15 cm³/mol
Radikalische Polymerisation	−10 bis −25 cm³/mol
Ionisationsreaktionen	−15 bis −45 cm³/mol
Diels-Alder-Reaktionen	−25 bis −50 cm³/mol [5, 6]

Von den Zustandsgleichungen, die Systeme unter hohem Druck beschreiben, ist die von REDLICH und KWONG am leistungsfähigsten. Sie lautet:

$$p + \left[\frac{a}{T^{0,5}\,V(V+b)}\right](V-b) = RT$$

mit den Werten für $a = 0{,}4278 \dfrac{R^2\,T_K^{\,2,5}}{P_K}$

für $b = 0{,}0867 \dfrac{RT_K}{P_K}$

Ihre Gültigkeit wurde bis zum 50-fachen kritischen Druck geprüft und bestätigt. Es hat sich daher eingebürgert, sie für die Bestimmung von thermodynamischen Größen im Druckbereich bis etwa 10^9 Pa zu verwenden. Sie hat gegenüber anderen ähnlichen Ansätzen den Vorteil, daß sie nur zwei Konstanten aufweist, für die außerdem aus theoretischen und empirischen Zusammenhängen abgeleitete Gleichungen vorliegen.

Die hier dargestellte Variante der Theorie des Übergangszustandes kann erfolgreich auf zahlreiche Berechnungen angewandt werden, wobei allerdings auch in einzelnen Systemen Fehler bis zu 30% auftreten können. Diese Fehler haben ihre Ursache in der ungenügenden Kenntnis der Struktur des Übergangszustandes selbst, der unter Druck natürlich noch weniger gut bekannt ist als unter normalen Bedingungen.

So ist die Bindungslänge im Übergangszustand im allgemeinen größer als im Ausgangszustand. Bei Bindungsbruch findet eine Abnahme der Elektronendichte statt, die auf die Struktur des Übergangszustandes Einfluß hat. Bei Polymerisationsvorgängen sind Einflüsse der Hydratation, der Ionenbildung und der Ausbildung von Komplexen im Übergangszustand zu berücksichtigen.

4. *Beziehungen zwischen Druck und verschiedenen Anwendungsbereichen*

Die Untersuchung des Einflusses hohen Druckes auf chemische Systeme hat für zahlreiche Wissenschaftsgebiete und für die Industrie große Bedeutung. So zum Beispiel:

1. Bei der Durchführung chemischer Reaktionen unter Druck im großtechnischen Maßstab.

Die Hochdrucktechnik, in der Drücke von $2{,}5 \cdot 10^8$ Pa heute sicher beherrscht werden, hat in der DDR eine starke Basis. Kontinuierliche Prozesse lassen sich im technischen Maßstab bis etwa $7 \cdot 10^8$ Pa beherrschen.

2. Bei der Gewinnung neuer Werkstoffe durch isostatisches Pressen aus Pulvern, der Verformung spröder Werkstoffe und der Verarbeitung metallischer Werkstoffe nach dem Explosionsverfahren.

Beim isostatischen Pressen sind Drücke von 1 bis $3 \cdot 10^9$ Pa üblich.

3. In der Düsen- und Raketentechnik:

Der Austritt von Flüssigkeitsstrahlen unter höchstem Druck stellt ein sehr leistungsfähiges Verfahren für die Bearbeitung von Werkstoffen dar. In der Raketentechnik müssen ebenfalls Drücke von 10^8 bis 10^9 Pa bei hohen Strömungsgeschwindigkeiten beherrscht werden.

4. Hohe Drücke sind vor allem für die Geologie, die Geophysik und die Kosmologie von großer Bedeutung [7].

Da im Erdinnern ein Druck von $3{,}6 \cdot 10^{11}$ Pa herrscht, muß zur genauen Kenntnis der dort vor sich gehenden Prozesse ausreichendes Untersuchungsmaterial über das Verhalten der Materie im Druckintervall bis zu $4 \cdot 10^{11}$ Pa vorliegen, wenn Aussagen über den Aufbau der Erde und anderer ähnlicher Himmelskörper, z.B. kleinerer Planeten, gemacht werden können. Erkenntnisse, die auf diesem Gebiet gewonnen werden, sind aber auch für die Lagerstättenkunde von Erzen und für die Erdbebenprognose von großer praktischer Bedeutung.

5. Höchste Drücke werden auch für die Synthese ganz neuer Modifikationen von Elementen und Verbindungen benötigt.

Die metallischen Modifikationen des Kohlenstoffs, des Wasserstoffs und des Heliums sind bisher zwar experimentell noch nicht hergestellt worden, sie erfordern aber ebenfalls Drücke, die über 10^{11} Pa liegen und sollten zu Elementmodifikationen führen, die große Bedeutung für die Supraleitfähigkeit und für die Entwicklung neuartiger Werkstoffe haben können [8].

6. Drücke, die über 10^{12} Pa hinausgehen, führen dazu, daß Elektronen aus den Atomhüllen abgequetscht werden, wodurch ein kaltes Plasma entsteht, das ebenfalls von großer wissenschaftlicher Bedeutung sein dürfte.

Es sind also bedeutende Anwendungsmöglichkeiten in verschiedenen Wissenschaftszweigen zu erkennen -- ihre Erschließung hängt vor allem mit dem Fortschreiten der Experimentiertechnik zusammen.

5. *Von physikalisch-chemischen Parametern abhängige Einteilung in Druckgebiete*

Bisher wurde über den Einfluß des Druckes auf die Materie gesprochen, ohne daß die einzelnen Druckgebiete genau definiert wurden. Tatsächlich gibt es kaum ein Wissenschaftsgebiet in Physik und Chemie, in dem die Begriffe so wenig klar gegliedert sind wie auf dem Gebiet des Druckes. Für den Verfahrensingenieur ist in Übereinstimmung mit dem Chemiker der Begriff „Hochdruck" auf ein Druckintervall von etwa 10^7 bis $3 \cdot 10^8$ Pa begrenzt, wobei allerdings auch andere Einteilungsprinzipien Anwendung finden. So spricht man zum Beispiel bei einer Ammoniakoxydationsanlage, die den relativ geringen Überdruck von $1 \cdot 10^6$ Pa anwendet, bereits von einem „Hochdruck"-Verfahren.

Für Geophysiker beginnt der hohe Druck bei etwa $5 \cdot 10^9$ Pa und endet eine bis zwei Größenordnungen darüber. Wenn ich eine Gliederung der Druckbereiche vorschlage, so möchte ich von bestimmten physikalisch-chemischen Zusammenhängen ausgehen, die eine naturwissenschaftliche Grundlage für eine Zusammenfassung einzelner Druckbereiche geben. In der folgenden Tabelle ist die Gliederung von Wirkungen im molekularen Bereich abhängig gemacht worden:

Druckbereich (Pa)	Wirkung
$<3 \cdot 10^8$	Verdichtungsarbeit in Gasen. Verschiebung der Lage chemischer Gleichgewichte.
$3 \cdot 10^8$ — $\sim 3 \cdot 10^9$	Verdichtungsarbeit gegen zwischenmolekulare Kräfte in flüssiger Phase. Molekulare Umordnung in Lösungen. Sintern, isostatisches Pressen.
$3 \cdot 10^9$ — $\sim 2 \cdot 10^{10}$	Verformung von Molekülstrukturen gegen innermolekulare Kräfte (Elektronendichte, Hochdruck-Modifikationen der Festkörper).
$>2 \cdot 10^{10}$ — $\sim 10^{12}$	Zerstörung chemischer Bindungen, metallische Leitfähigkeit, Abspaltung von Elektronen, „Kaltes" Plasma.

1. Der Bereich bis $3 \cdot 10^8$ Pa ist dadurch gekennzeichnet, daß sich in ihm tatsächlich großtechnische chemische Reaktionen abspielen, die zur Entwicklung einer leistungsfähigen Hochdrucktechnik geführt haben. In diesem Bereich sind alle bekannten Hochdruckreaktionen wie die Hydrierung von Rohstoffen aller Art, die Ammoniakbildung, die Methanolsynthese, Varianten der FISCHER-TROPSCH-Synthese und die Polymerisation von Ethylen unterzubringen. Neu dürfte in dieses Gebiet die Stofftrennung unter überkritischen Bedingungen einzuführen sein [9]. Auch Hydrothermalsynthesen und andere für technische Aufgaben wichtige Umsetzungen gehören dazu. Über einen Druck von $3 \cdot 10^8$ Pa hinaus sind keine technischen Anewndungen mit Ausnahme der Diamantsynthese bekannt geworden.

2. Im Bereich von $3 \cdot 10^8$–10^9 Pa könnten Polymerisationsvorgänge, Hydrolysen und säurekatalysierte Reaktionen für Spezialprodukte und -verfahren eine Rolle spielen, wenn es gelingt, hierfür solche verfahrenstechnischen Bedingungen zu schaffen, daß eine rationelle Arbeitsweise gewährleistet ist.

3. Im Bereich von 10^9 bis $2 \cdot 10^{10}$ Pa ist die bisher bekannt gewordene einzige Anwendung chemischer Umsetzung die Synthese von Diamant und Bornitrid. Diese Verfahren haben in den letzten zehn Jahren bei Drücken von etwa $6 \cdot 10^9$ Pa, Temperaturen von 1400 K und unter dem katalytischen Einfluß von Metallen wie Eisen eine bestimmte Entwicklung erfahren, so daß heute diese Synthese bereits zu technischen Verfahren gerechnet werden kann, wenngleich auch die Mengen, die hierbei erzeugt werden, außerordentlich gering

sind. Der hohe Wert der Endprodukte wiegt diesen Nachteil wieder auf. Neuerdings gibt es auch Vorschläge, die Diamantsynthese durch Epitaxieverfahren auf Keimen drucklos durchzuführen [10]. In dem genannten Druckbereich sind wichtige Umwandlungen von Elementen in Hochdruckmodifikationen zu beobachten. So findet bei $1{,}5 \cdot 10^{10}$ Pa die Umwandlung von Silizium in eine metallische Hochdruckmodifikation statt, die sich in einem Widerstandsabfall für elektrischen Strom um sechs Zehnerpotenzen bemerkbar macht. Einen Überblick über wichtige Hochdruckumwandlungen von Elementen der 4. Hauptgruppe des Periodischen Systems gibt die nächste Aufstellung [11]:

Druck (Pa)	Element	Niederdruck Strukturtyp	Koordinations-Zahl	Hochdruck Strukturtyp	Koordinations-Zahl
$6 \cdot 10^{9}$	C (1500 K)	Graphit	3	Diamant	4
$15 \cdot 10^{9}$	Si	Diamant	4	β-Zinn	6
$11 \cdot 10^{9}$	Ge	Diamant	4	β-Zinn	6
10^{5}	Sn	Diamant	4	β-Zinn	6
$9 \cdot 10^{9}$	Sn	β-Zinn	6	γ-Zinn	8
$13 \cdot 10^{9}$	Pb	kubisch dichteste Kugelpackung	12	hexagonal dichteste Kugelpackung	12

Auch bei Verbindungen von Alkalimetallen und Halogeniden und ähnlich gebauten Verbindungen finden Strukturumwandlungen statt, die von der Koordinationszahl 6 zu Hochdruckphasen mit der Koordinationszahl 8 führen. Druckumwandlungen ohne Änderung der Koordinationszahl des Kations sind zum Beispiel bei Quarz beobachtet worden, wo der Coesit allein durch Erhöhung der Packungsdichte um etwa 20% dichter als der Quarz ist. Als weitere SiO_2-Modifikation ist der Stishovit bekannt, der durch Erhöhung der Koordinationszahl eine um 45% höhere Dichte als der Coesit hat.

Das Kristallwachstum aus Salz- oder Metallschmelzen, bei Normaldruck als „Flux"-Methode bezeichnet, scheint unter Druck breite Anwendungsmöglichkeiten zu bieten. Man kann auf diese Weise zum Beispiel Sulfide und Jodide von den Seltenen Erdmetallen herstellen, die auf drucklosem Wege nicht erhalten werden können.

4. Im Druckbereich über $2 \cdot 10^{10}$ Pa ist die Möglichkeit, von nichtmetallischen Elementen metallische Modifikationen herzustellen, sehr groß. Die vor einigen Jahren auf theoretischem Wege abgeleiteten Erkenntnisse über den metallischen Wasserstoff bedürfen noch der experimentellen Überprüfung. Bisher ist es nicht gelungen, den vorausgesagten Umwandlungsdruck von 4 bis $5 \cdot 10^{11}$ Pa so zu verwirklichen, daß man metallischen Wasserstoff erhalten konnte. Auch die metallische Modifikation des Kohlenstoffs ist bisher in reiner

Form nicht dargestellt worden. In diesem Druckbereich wird erwartet, daß man Produkte findet, die supraleitende Eigenschaften haben, wobei sie sich durch hohe Sprungtemperaturen auszeichnen. Eine genaue Kenntnis der geochemischen und geophysikalischen Vorgänge ist in diesem Druckbereich mit Sicherheit zu erwarten; von diesen Wissenschaftsgebieten kommen bisher auch die größten Impulse für die Untersuchung der auftretenden Fragen.

6. Erzeugung von hohem Druck

Wie bei fast keinem anderen Arbeitsgebiet ist der wissenschaftliche Fortschritt von der Entwicklung der experimentellen Möglichkeiten abhängig. Fortschritte, die hier in den letzten zehn Jahren erzielt wurden, haben sich äußerst bedeutsam auf unsere Kenntnis vom Verhalten der Materie unter hohem Druck ausgewirkt. Ich folge hier einer Gliederung, die sich in wesentlichen Angaben auf unser Mitglied H. Stiller stützt und die die praktischen Erfahrungen des Instituts für Physik der Erde wiedergibt [12].

Danach sind die Verfahren der Druckerzeugung nach dem angewandten Prinzip im wesentlichen zu untergliedern in die Hydrostatik, die Quasihydrostatik und die Anwendung von Schockwellen:

	Hydrostatik	Quasihydrostatik	Schockwellen
Übertragungs-Medium	gas, flüssig	fest	gas, fest
Grenze bei	$3 \cdot 10^9$ Pa	10^{11} Pa	$>10^{11}$ Pa
Kräfte	elastisch	Reibung	Trägheit
Probenvolumen	cm^3	mm^3	Stoßwellenfront
Zeitdauer	∞	Min.-Std.	10^{-6} s

In der angeführten Richtung erhöht sich der maximale Druck, der mit den einzelnen Methoden erreicht werden kann. Im Falle der Hydrostatik begrenzt diesen Druck die Festigkeit des angewandten Materials, die im allgemeinen bei $5 \cdot 10^9$ Pa liegt. Die Quasihydrostatik baut auf Gleitvorgängen auf und kann Drücke erreichen, die das vorgenannte Verfahren um die Größenordnung 10 überschreiten. In Schockwellen schließlich können Drücke von 10^{11} Pa und mehr erreicht werden. Diese Vorzüge werden allerdings mit einer Verringerung des Probenvolumens und mit einer Abnahme der Zeit erkauft, die für die jeweiligen Verfahren aufrechterhalten werden kann. In Schockwellen beträgt diese Zeit etwa 10^{-6} s. Wir haben uns stets vor Augen zu führen, daß die experimentellen Bedingungen auch einen großen Einfluß auf eine mögliche Nutzung von Erkenntnissen, die aus Hochdruckuntersuchungen gewonnen werden, ausüben. Eine Vernachlässigung dieser Bedingungen kann zu Fehlentscheidungen führen.

7. *Schlußfolgerungen für die Anwendung hohen Drucks in der Technik*

Nachdem über die verschiedenen theoretischen und grundlegenden Aspekte der Hochdruckchemie gesprochen wurde, seien noch einmal wichtige Anwendungsaspekte erwähnt:

Für großtechnische Umsetzungen, die zu Produkten von Massencharakter führen, liegen bisher technologische Lösungen für den Druckbereich bis maximal $7 \cdot 10^8$ Pa vor. Es ist wenig wahrscheinlich, daß sich diese Druckgrenze in absehbarer Zeit stark nach oben verschiebt. Im Gegenteil: Die Tendenz be steht darin, die Anwendung hohen Druckes zu reduzieren und für die klassischen Hochdruckverfahren technische Lösungen zu finden, die bei niedrigeren Drükken arbeiten. Das gilt zum Beispiel für die Methanolsynthese, für die man statt der bisher bei $3 \cdot 10^7$ Pa arbeitenden Verfahrensvariante eine technische Lösung gefunden hat, die um eine Größenordnung darunter liegt.

Beim Hochdruckpolyethylen hat man nicht die Absicht, den Druckbereich von 2 bis $3 \cdot 10^8$ Pa zu reduzieren, da sich unter diesem Druck Material gewinnen läßt, das sich durch ganz spezifische Eigenschaften auszeichnet. Aber in den letzten Jahren sind auch hier Entwicklungen bekannt geworden, die bei einem wesentlich niedrigeren Druck nahezu gleiches Material zu erzeugen gestatten. Wir sollen niemals unberücksichtigt lassen, daß der Energieaufwand heute eine wesentliche Rolle spielt. Beim Hochdruckpolyethylen sind es 12% der gesamten Betriebskosten. Und wenn es auch gelingt, die aufgewandte Energie zu einem großen Teil zurückzugewinnen, so dürfte allein dieser Faktor für künftige Hochdrucklösungen von besonderer Bedeutung sein.

Die Anwendungsgebiete des isostatischen Pressens in der Pulvermetallurgie, der Sinterkeramik und der Herstellung von Sinterhartmetallen liegen zur Zeit im Druckbereich bis zu $3 \cdot 10^9$ Pa. Die Bor- und Diamantsynthese unter Druck wird auch weiterhin technische Bedeutung haben.

Phasenumwandlungen im Bereich bis zu $2 \cdot 10^{10}$ Pa wurden bereits in großem Umfang beobachtet. Nur solche Produkte eignen sich für einen technischen Einsatz, deren Hochdruckmodifikationen irreversibel gebildet werden. Die Verwendung von Hochdruckverfahren zur Synthese von unbekannten Verbindungen, vor allem mit ungewöhnlichen Valenzzuständen, wie zum Beispiel vierwertigem Eisen, dürfte für die Zukunft neue Synthesewege erschließen. Auch die Herstellung von Verbindungen mit vierwertigem Nickel, von Edelgashalogeniden und des Oxides Co_2O_3 gehören in diese Gruppe. Sulfide und Arsenide mit ungewöhnlichen Zusätzen sind ebenfalls bekannt geworden.

Unter hohem Druck werden auch Oxyhydroxide dreiwertiger Metalle vom Typ MeO(OH) hergestellt. Bei Drücken von einigen 10^8 Pa steigen die Zersetzungstemperaturen der Hydroxide um mehrere 100° an, so daß man die obengenannten Verbindungen gut erhalten kann.

Die im Erdinnern vor sich gehenden Prozesse, die ebenfalls eine chemische Komponente haben, finden bei Drücken von 10^{10} bis 10^{11} Pa statt. Sie haben direkten oder indirekten Einfluß auf die Bildung von Lagerstätten und von geologischen Formationen und geben einen tieferen Einblick in die Entstehung der Erde.

Drücke über 10^{11} Pa würde die Gewinnung der vermuteten metallischen Modifikationen des Wasserstoffs erfordern. Die Forschung wird in dieser Richtung intensiv betrieben.

Extreme Drücke sind dem Menschen mit verhältnismäßig großem experimentellen Aufwand zugänglich. Dazu gehört auch ein ständig steigender Einsatz an Energie. Es müssen noch umfassende experimentelle Untersuchungen durchgeführt werden, um auf möglichst rationelle Weise Hochdruckbedingungen für chemisch reaktionsfähige Systeme zu schaffen. Wir können mit Sicherheit annehmen, daß diese Verfahren Bedeutung für die Herstellung von sehr spezifischen Werkstoffen und Zwischenprodukten haben werden. Verfahren, die Produkte von Massencharakter erzeugen, können unter den bekannten Möglichkeiten bisher nicht gefunden werden.

Literaturverzeichnis

[1] FRANCK, E. U.: Ber. Bunsenges. **70** (1966), S. 944.

[2] HOLZAPFEL, W. B.: Physik in unserer Zeit **4** (1973), S. 83.

[3] FRANCK, E. U.: Chem. Ind. **100** Oktober 1977, S. 659.

[4] WHALLEY, E.: Ber. Bunsenges. **70** (1966), S. 958.

[5] RÄTZSCH, M.: persönliche Mitteilung.

[6] JENNER, G.: Angew. Chem. **86** (1975), S. 186.

[7] STILLER, H. u. H. VOLLSTÄDT: Sitzungsber. der AdW der DDR, Jahrgang 1979, Nr. 9/N, Akademie-Verlag Berlin 1979.

[8] MÜLLER, H.: Theoret. Chimica Acta (Berl.) **32** (1974), S. 331.

[9] SCHNEIDER, M. GERHARD: Angew. Chem. **90** (1978), S. 762.

[10] DERJAGUIN, B. V. u. D. V. FEDOSEEV: „*Epitaksialnyj sintez almaza*", Snanie, Moskva 1973.

[11] RANGE, K.-J.: Chemie in unserer Zeit **10** (1976), S. 180.

[12] STILLER, H. u. H. VOLLSTÄDT: Sitzungsber. der AdW der DDR, Jahrgang 1979, Nr. 9/N, Akademie-Verlag Berlin 1979, S. 7.

Heinz Stiller

Zustandsgleichungen und geophysikalische Hochdruckforschung

Die Grundproblematik der klassischen geophysikalischen Forschung besteht in der Lösung des sogenannten inversen Problems: Mit Hilfe der Seismologie (einschließlich der Untersuchung von Eigenschwingungen), Gravitationsuntersuchungen, des Geomagnetismus und der Geothermie gewinnt man Meßdaten an der Erdoberfläche, deren Interpretation gewisse Vorstellungen über den Ursprung dieser Phänomene im Erdinnern erfordert. Obwohl es dadurch also prinzipiell unmöglich ist, ein eindeutiges Bild über den inneren Aufbau der Erde zu gewinnen, lassen sich die möglichen Tiefenverteilungen physikalischer Parameter jedoch stark einschränken.

Die geophysikalische Hochdruckforschung trägt wesentlich zur Erweiterung unserer Kenntnisse über den inneren Aufbau der Erde bei, da sie eine Beziehung zwischen mechanischen Modellen und strukturell-stofflichen Vorstellungen ermöglicht.

Die experimentelle Untersuchung von geochemisch interessanten Materialien bei solchen Druck- und Temperaturbedingungen, wie sie im tiefen Erdmantel bzw. im Erdkern ($p \approx 3.5$ Mbar, $T \approx 4000$ K) vorherrschen, stößt zur Zeit noch auf große Schwierigkeiten. Mit Hilfe von Zustandsgleichungen lassen sich heute relativ sichere Extrapolationen in experimentell noch nicht erreichbare Druckbereiche vornehmen.

Es ist üblich, Zustandsgleichungen mit Hilfe der Ableitung eines thermodynamischen Potentials aufzustellen. Kennt man zum Beispiel die freie Energie $F = F(T, V)$, so ergibt sich der Druck P über die Beziehung $P = -\left(\frac{\partial F}{\partial V}\right)_T$.
Es gibt verschiedene Möglichkeiten, Ausdrücke für die Freie Energie F eines Stoffes zu finden.

Wenn F im Rahmen der Kontinuumsmechanik berechnet wird, dann kann man daraus sogenannte phänomenologische Zustandsgleichungen ableiten. Diese Gleichungen sind für sehr viele verschiedene Materialien anwendbar, wenn man einzelne freie Parameter für die entsprechende Substanz anpaßt. Diese Gleichungen haben allerdings den Nachteil, daß sie keinerlei Einblick in die mikroskopischen Prozesse gestatten, welche das entsprechende Zustandsverhalten verursachen.

Deshalb ist es vorteilhaft, mit mikroskopischen Zustandsgleichungen zu arbeiten. Wenn es gelingt, über ein mikroskopisches Modell die Zustandssumme $Z = Z(V, T)$ zu berechnen, so ergibt sich die Freie Energie F aus der Beziehung $F = -K_B T \ln Z$, dabei ist K_B die BOLTZMANN-Konstante.

Für Gase und Festkörper läßt sich die Zustandssumme Z in bestimmten Näherungen relativ leicht berechnen.

Die Zustandsgleichung von MIE und GRÜNEISEN

$$P(V, T) = P(V, 0) + \gamma \frac{E_{vib}}{V}$$

enthält neben dem sogenannten Nulltemperaturdruck (Potentialdruck) $P(V, 0)$ noch einen thermischen Anteil, der von den Gitterschwingungen im Festkörper herrührt (E_{vib} = Vibrationsenergie).

Der GRÜNEISEN-Parameter γ ist folgendermaßen definiert:

$$\gamma = -\frac{d \ln \omega}{d \ln V}$$

Dabei ist ω eine charakteristische Frequenz der Gitterschwingungen (zum Beispiel EINSTEIN-Frequenz oder DEBYE-Frequenz).

In Arbeiten von STILLER und FRANCK [1, 2, 3] wurde gezeigt, wie sich die Zustandsgleichung von MIE und GRÜNEISEN auch zur Beschreibung struktureller Phasenübergänge verwenden läßt. Dabei wurde das Konzept einer „weichen Mode“ angewendet.

Eine andere mikroskopische Zustandsgleichung läßt sich aus der statistischen Theorie des Atoms von THOMAS, FERMI und DIRAC einschließlich weiterer Korrekturen (VON WEIZSÄCKER, KIRSHNITZ) ableiten. Diese Näherung vernachlässigt jedoch von vornherein alle Struktureffekte und auch den Schalenaufbau der Elektronenhüllen. Solche Zustandsgleichungen sind deshalb erst ab etwa 100 Mbar gültig.

Zur Beschreibung des Kompressionsverhaltens fester Körper verwendet man oft die halbempirische Potentialmethode, die von den verschiedenen Bindungsarten im Festkörper ausgeht. Das Zweiteilchenpotential wird in einen anziehenden und einen abstoßenden Anteil zerlegt. Der abstoßende Anteil hat bei allen Bindungsarten die gleiche Form. Die Abstoßung nimmt mit Verringerung des Abstandes r wie e^{-r} zu. Die Ursachen für dieses Verhalten sind quantenmechanischer Art.

Die Anziehung resultiert in Ionenkristallen aus der COULOMB-Wechselwirkung während Molekularkristalle durch VAN DER WAALS-Kräfte zusammengehalten werden. Bei der metallischen Bindung rührt die Anziehung sowohl von der COULOMB-Wechselwirkung zwischen Ionen und Leitfähigkeitselektronen als auch von der Austauschwechselwirkung der Leitfähigkeitselektronen untereinander her. Die Anziehung in covalent gebundenen Kristallen (Valenzkristalle) läßt sich durch einen Ausdruck der Form $\sim -e^{-r}$ beschreiben.

Damit erhält man verschiedene analytische Ausdrücke für den Potentialdruck in Ionenkristallen, Valenzkristallen, Molekularkristallen bzw. Metallen. Eine wichtige Aufgabe der Theorie der Zustandsgleichungen besteht darin, Zusammenhänge zwischen den einzelnen Arten (phänomenologische, halbempirische, mikroskopische) zu finden. Das ist sehr wichtig, wenn man die physikalischen Ursachen für das Verhalten der Materie unter Erdkernbedingungen erforschen will, denn bisher wurden auf diesem Gebiet meist nur phänomenologische Gleichungen angewendet. Ein weiteres Problem ist die Erforschung von Zustandsgleichungen, welche das Verhalten eines Materials in seinen verschiedenen Phasen (einzelne feste Phasen oder auch verschiedene Aggregatzustände) beschreiben.

Literatur

[1] H. Stiller, S. Franck: Gerlands Beitr. Geophys. **87** (3), 240 (1978).
[2] H. Stiller, S. Franck: Gerlands Beitr. Geophys. **87** (4), 333 (1978).
[3] S. Franck, H. Stiller: Phys. Earth Planet. Inter. **22** (1980), im Druck.

Siegfried Franck

Über den Zustand der Materie im Erdkern und im Innern von Jupiter und Saturn

1. *Erdkern*

Nach den heute allgemein anerkannten Vorstellungen kann man den Erdkern in einen flüssigen Außenkern und einen festen Innenkern unterteilen, da seismische Transversalwellen im Außenkern verschwinden und im Innenkern wieder auftreten. Neben diesen grundlegenden Aussagen aus Geschwindigkeitsverteilungen seismischer Wellen liefert auch die Verteilung des Dämpfungskoeffizienten Q^{-1} wichtige Informationen über den Erdkern.

Der Dämpfungskoeffizient Q^{-1} ist ein Maß für den Anteil der mechanischen Wellenenergie, der innerhalb einer Wellenlänge in andere Energieformen umgewandelt wird (dissipiert).

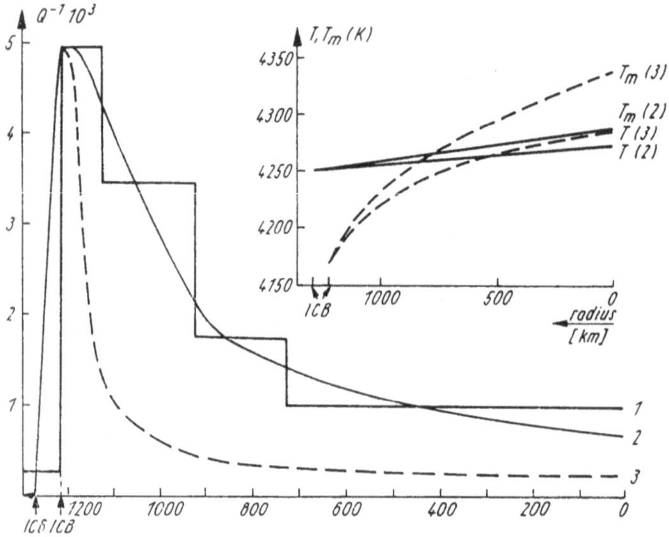

Abb. 1 Dämpfung seismischer P-Wellen im Erdkern (siehe Text)

Aus seismologischen Beobachtungen konnte Doornbos [1] den in Abb. 1, Kurve 1, angegebenen Verlauf von Q^{-1} vom Erdmittelpunkt bis zur Grenze zwischen Innen- und Außenkern (ICB) angeben. Es ist überraschend, daß Q^{-1}

im gesamten (festen) Innenkern höher liegt als im flüssigen Außenkern und daß der Dämpfungspik an der Innenkerngrenze stark asymmetrisch verläuft.

In einer Arbeit von STILLER, FRANCK und SCHMIT [2] wurde eine Interpretation der Dämpfungskurve gegeben. Der Übergang fest-flüssig wurde dabei mit Hilfe einer LANDAU-Entwicklung für den „long range order"-Parameter beschrieben. Nahe am Phasenübergang erweist sich das System als sehr empfindlich gegenüber äußeren Störungen. Der charakteristische Ordnungsparameter wird beim Durchgang einer elastischen Welle aus seinem thermodynamischen Gleichgewicht gebracht und relaxiert nur langsam wieder zurück. Die Relaxationszeit ist dabei proportional zu $(T_m - T)^{-1}$, dabei ist T_m die Schmelztemperatur und T die aktuelle Temperatur in der entsprechenden Tiefe. Kurven 2 und 3 aus Abb. 1 entsprechen zwei in der Literatur angegebenen Temperaturverteilungen im Erdkern. Es zeigt sich, daß Kurve 2 die beobachteten Dämpfungswerte nicht nur qualitativ, sondern auch quantitativ recht gut beschreibt.

Aus den hier vorgestellten Untersuchungen ist die Folgerung erlaubt, daß sich der gesamte innere Erdkern in einem Zustand sehr nahe am Schmelzpunkt befindet. Der Innenkern ist gewissermaßen schon „weich", und deshalb werden auch die seismischen Wellen dort so stark gedämpft.

2. *Metallisierung von Wasserstoff und innerer Aufbau von Jupiter und Saturn*

Wasserstoff ist nicht nur das älteste und häufigste Element im Universum, sondern auch das einfachste. Deshalb ist es für Theoretiker immer wieder reizvoll, die Eigenschaften von Wasserstoff bei hohen Drücken und Temperaturen zu berechnen.

In Abbildung 2 ist das Phasendiagramm von Wasserstoff schematisch dargestellt. Vom Autor [3] wurde das folgende Problem untersucht:

Wie verläuft die Metallisierung von Wasserstoff, wenn sich dieser im überkritischen Zustand nach VAN DER WAALS (gasförmig – flüssig) befindet?

Die Untersuchungen mit Hilfe der statistischen Mechanik zeigen, daß ein kritischer Punkt existiert, in welchem die Phasengrenze zwischen dielektrischem gasförmig-flüssigem und flüssigem metallischem Wasserstoff endet. In den numerischen Wert für die kritische Temperatur T_c gehen die verschiedenen Bindungsenergien (Dielektrikum, Metall, Gemisch) ein. Die berechneten Werte für T_c liegen im Bereich $6 \ldots 9 \cdot 10^3$ K.

Die Riesenplaneten Jupiter und Saturn bestehen zum größten Teil aus Wasserstoff, welcher sich außen im gasförmig-flüssigen Zustand befindet. Bei Drükken von etwa 3 Mbar geht der Wasserstoff in den metallischen Zustand über. Die relevanten Temperaturen für diesen Übergang sind 10^4 K bei Jupiter und $8{,}5 \cdot 10^3$ K bei Saturn. Damit ergibt sich, daß im Jupiter die Metallisierung von Wasserstoff oberhalb der kritischen Temperatur T_c erfolgt, während im Saturn der Übergang nahe T_c oder auch unterhalb T_c möglich ist.

Auf der Grundlage der hier entwickelten Hypothese lassen sich die großen Multipolanteile im Magnetfeld des Jupiter und auch die anormal hohe Leuchtkraft des Saturn deuten [4].

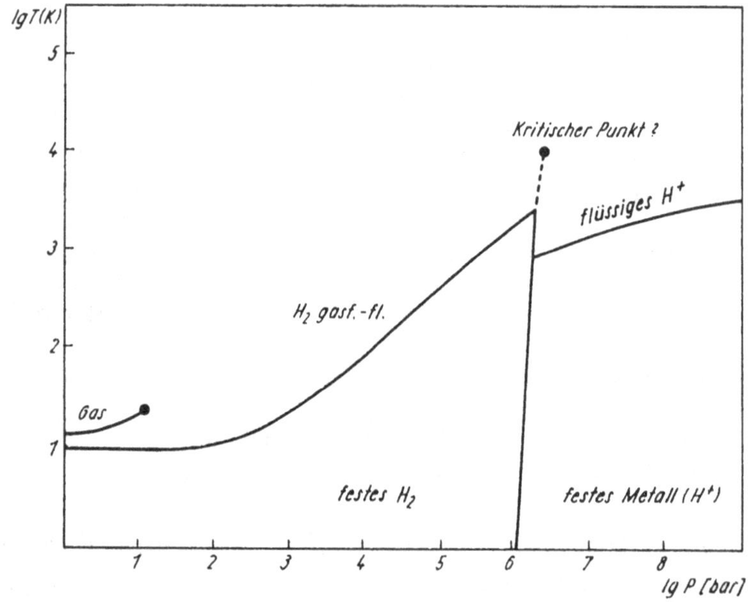

Abb. 2 Phasendiagramm von Wasserstoff

Literatur

[1] D. J. Doornbos: Geophys. Journ. R. Astron. Soc. **38**, 397 (1974).
[2] H. Stiller, S. Franck, U. Schmit: Phys. Earth Planet. Inter. **22**, (1980), im Druck.
[3] S. Franck: Annalen der Physik, im Druck.
[4] S. Franck: Veröffentlichung in Vorbereitung.

Heiner Vollstädt

Methodische und gerätetechnische Probleme der geophysikalischen Hochdruckforschung

Die Lösung vieler hochdruckphysikalischer Fragen wird – auf der Grundlage einer systematischen theoretischen Durchdringung des stofflichen und strukturellen Verhaltens unter den extremen p,T-Bedingungen – in erster Linie durch das Leistungsvermögen der eingesetzten Gerätetechnik, einschließlich der notwendigen Meßmethodik bestimmt. Nicht zuletzt aus diesem Grunde ist es ein internationaler Trend, ständig neue, meist unikale Baugruppen der Hochdrucktechnik an den entsprechenden Forschungseinrichtungen direkt zu entwickeln und zu fertigen.

Für alle wichtigen Anwendungsbereiche der Hochdruckforschung, wie die Festkörperphysik, die Werkstoffwissenschaften, die Chemie und die Geowissenschaften, steht die Untersuchung von Phasensystemen unter extremen Druck- und Temperaturbedingungen, besonders das Verhalten an Phasenübergängen im Mittelpunkt. Dabei geht es sowohl um die Beeinflussung des Phasenzustandes durch Druck und Temperatur als auch um die Synthese neuer Hochdruckphasen.

Hinsichtlich der für die geologische und geophysikalische Interpretation relevanten Phasensysteme steht die geophysikalische Hochdruckforschung vor der Aufgabe, von komplizierten Mehrstoffsystemen der Lithosphäre bis zu chemisch einfachen Stoffsystemen die gesamte Breite der durch die Kosmochemie und die Geochemie bestimmten Stoffvariationen in ihrer Druck- und Temperaturabhängigkeit zu untersuchen. Entsprechend vielfältig und kompliziert stellt sich auch die dazu notwendige Hochdrucktechnik dar. Zusammenfassend lassen sich zwei Gerätekonfigurationen nennen, die gegenwärtig für die Lösung der oben formulierten Aufgaben eingesetzt werden:

a) Hochdruckkammern nach dem System „Belt“
b) Bridgman-Hochdruckkammern, speziell das System „Squeezer“, das sich durch den Einsatz von Diamantstempel besonders zur Untersuchung von Phasensystemen eignet.

a) In der Arbeit von Stiller und Vollstädt [1] wurden das Prinzip und die Leistungsparameter der Apparatur vorgestellt. Die Möglichkeit, Druck und Temperatur gleichzeitig zu erhöhen sowie eine günstige Probenraumgestaltung machen diese Anlage besonders geeignet für Synthesen. Im Zentralinstitut für

Physik der Erde wurden damit die ersten Diamanten in der DDR erfolgreich synthetisiert (VOLLSTÄDT et al. [2], VOLLSTÄDT und KRAFT [3]) sowie umfangreiche Synthesen am Systen der festen Lösungen von Fe—Ni—S durchgeführt (VOLLSTÄDT et al. [4]).

Bestimmte Probleme des Phasenverhaltens im tieferen Erdinnern sind verknüpft mit dem Auftreten von Schmelzen bzw. Teilschmelzungen begrenzter Bereiche. Hier sind gegenwärtig geräteteclmische Entwicklungen und bereits erste Erfahrungen vorhanden, mit Hilfe einer variierten „Belt" das Schmelzverhalten zu untersuchen, vor allem hinsichtlich seiner häufig komplizierten Druckabhängigkeit. Das technische Problem liegt in der Handhabung eines hermetisch gegen fluide Phasen abgeschlossenen Probenraumes.

b) Der „Squeezer" ist als universelles, von Druckerzeugungsanlagen unabhängiges leistungsfähiges Höchstdruckgerät vor allem für die Untersuchung des Strukturverhaltens fester Phasen in ihrer Druckabhängigkeit konzipiert. Die Möglichkeit, ihn unmittelbar als Zusatzeinrichtung für mikroskopische Untersuchungen einsetzen zu können, eröffnet eine Reihe weiterer Anwendungen. Abbildung 1 zeigt die im Zentralinstitut für Physik der Erde entwickelte dritte Generation, die im VEB Carl Zeiss Jena gebaut wurde.

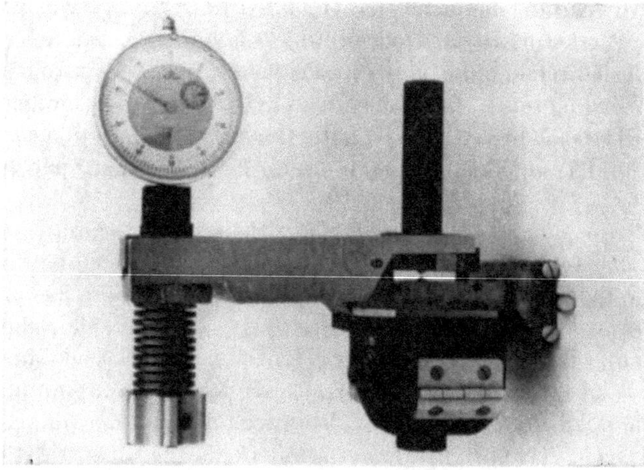

Abb. 1 Diamant-Doppelstempel-Hochdruckkammer (Entwicklung: Zentralinstitut für Physik der Erde gemeinsam mit VEB Carl Zeiss Jena)

Obwohl röntgenographische Untersuchungen den größten Anteil darstellen, finden weitere Arten der Spektroskopie, wie Mößbauer- oder Ramanspektroskopie, Neutronenbeugung sowie Kompressibilitätsmessungen und elektrische Messungen unter hohem Druck in zunehmendem Maße Anwendung. Dabei ist ein gleichzeitiger Trend zu verzeichnen in Richtung sehr hoher Drücke um 50 GPa einerseits, wie das Bemühen, zwischen den nur etwa 1 mm^2 großen Diamantstempeln hydrostatische Druckbedingungen zu erzeugen.

Seit wenigen Jahren wird das Problem der Heizung beherrscht, nachdem leistungsfähige Laser mit entsprechend aufwendigem technischen Aufwand eingesetzt werden.

Die Untersuchung von Monokristallen mit Hilfe von Diamantstempelkammern ist relativ jung. Geeignete Konstruktionen und entsprechende Druckübertragungsmedien gestatten heute bereits die Erzeugung hydrostatischer Druckbedingungen bis etwa 10 GPa.

Bestimmt durch den Untersuchungsgegenstand werden die Hochdruckuntersuchungen in den Geowissenschaften immer gleichzeitig auf die Erzeugung sehr hoher Drücke und Temperaturen sowie von weniger hohen p,T-Bedingungen unter komplizierten Zusatzbedingungen wie Schmelz- und Fluidphasen, hydrostatisches Verhalten mit komplizierten Spannungsverhältnissen u.ä., gerichtet sein. Dementsprechend wird sich auch die Weiterentwicklung der Hochdrucktechnik gestalten müssen.

Literatur

[1] H. Stiller, H. Vollstädt: Sitzungsberichte der AdW der DDR, Jahrgang 1979, Nr. 1 N/1975, Akademie-Verlag Berlin.

[2] H. Vollstädt, U. Seipold, A. Kraft, R. Wäsch: Patentschrift WP B01 J/205223.

[3] H. Vollstädt, A. Kraft: im Druck.

[4] H. Vollstädt, A. Kraft, U. Seipold: Physics Earth Planet. Int., im Druck.

FSC
www.fsc.org
MIX
Papier | Fördert gute Waldnutzung
FSC® C083411

Zeitfracht Medien GmbH
Ferdinand-Jühlke-Straße 7
99095 Erfurt, Deutschland
produktsicherheit@kolibri360.de